牛皮上的小世界

边角皮料大利用，新手也可以轻松搞定的微缩皮革小物

◎沈洁 著　◎周科 摄影

U0222020

江苏凤凰科学技术出版社

图书在版编目（CIP）数据

微皮艺：牛皮上的小世界 / 沈洁著 . -- 南京：江苏凤凰科学技术出版社，2017.10
ISBN 978-7-5537-6672-0

Ⅰ . ①微… Ⅱ . ①沈… Ⅲ . ①皮革制品－手工艺品－制作 Ⅳ . ① TS56

中国版本图书馆 CIP 数据核字 (2017) 第 235437 号

微皮艺 牛皮上的小世界

著　　　者	沈洁	
项 目 策 划	凤凰空间 / 张群　郑亚男	
责 任 编 辑	刘屹立　张晓凤	
特 约 编 辑	张群　苑圆	

出 版 发 行	江苏凤凰科学技术出版社
出版社地址	南京市湖南路1号A楼，邮编：210009
出版社网址	http://www.pspress.cn
总 经 销	天津凤凰空间文化传媒有限公司
总经销网址	http://www.ifengspace.cn
印　　　刷	北京博海升彩色印刷有限公司

开　　　本	710 mm×1000 mm　1 / 16
印　　　张	8.5
字　　　数	68 000
版　　　次	2017年10月第1版
印　　　次	2023年3月第2次印刷

标 准 书 号	ISBN 978-7-5537-6672-0
定　　　价	48.00元

图书如有印装质量问题，可随时向销售部调换（电话：022-87893668）。

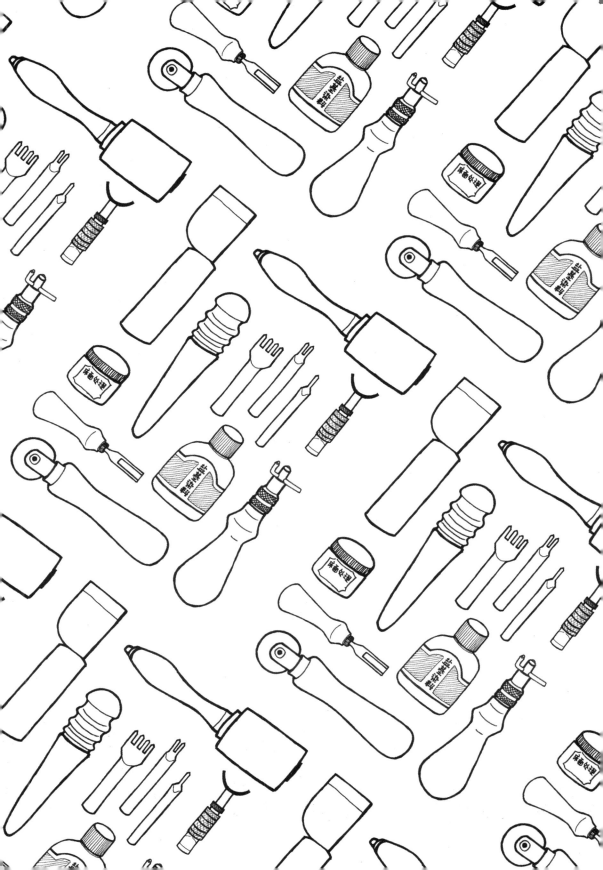

前　言

用牛皮记录生活的点滴

很高兴收到编辑的邀约，再次与大家一起分享牛皮上微缩小世界的生活点滴。

进入皮艺这个"坑"已经第七个年头了，虽然之前尝试过各种各样的手工，羊毛毡、软陶、橡皮章、木工……然而，能一直坚持下来的，大概只有皮艺。从最初的手缝，到皮革染色，再到后来的皮雕、皮革定型、皮革镂花…… 不同的处理方法相互组合，千变万化，使牛皮既可以像布一样柔软，亦可以像木头一样结实；既可以充满野性，也可以像蕾丝一样充满浪漫；甚至，只要你愿意，它还可以变成你想要的任何形状。这大概就是皮艺的魅力吧！

有一次做手拎包打版型，为了让版型准确，我把尺寸等比例缩小到五分之一，做了一个巴掌大的手拎包。没想到朋友见了都对它爱不释手，甚至连之前对皮具无感的朋友也连连称赞其可爱，说："虽然我平时不爱背皮包，但是看到它，就会不由地想象起拎着这只小包，在开满鲜花的野间，享受着暖暖的阳光。"原来除了实用之外，这小小的皮具也可以给人带来一丝丝的温暖。

而这些小玩意儿，没有太繁琐的工序，也不需要太长时间，我们用随手就能得到的边角余料，发挥一点点想象，便能创造一个个温馨的微缩小世界。下雨天出不了门，做一双小皮靴，想象自己穿着雨靴淌水回家，哒哒哒……踩出一片片快乐的水花；新的一年，做个护身符，祈求一年的好运；春暖花开的时候，做一个野餐篮，系上小围裙，也许下一刻，就会收到出去野餐的邀约。生活中的每一个点滴，都可以用牛皮记录下来。

本书所选的案例基本 2 小时内就能完成，不像制作传统箱包那样耗费时间和精力，却能享受到比箱包制作更多的乐趣。所有案例都提供了 1:1 的版型，以便使第一次接触皮具的初学者能更轻松地制作出与案例一样的作品。对于有一定基础的皮友们来说，算是抛砖引玉吧，希望大家可以举一反三地创作出更有意思的属于自己的小皮具。

沈洁

2017 年 8 月

目 录

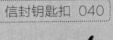

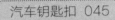

玻璃罩的小世界 070

关于皮革

植鞣革

主要使用植物鞣剂进行鞣制得到的一类皮革产品，也称皮雕皮、树膏（糕）皮、带革，颜色为未染色的本色。

植鞣革的特点

纤维组织紧实，延伸性小，成型性好，板面丰满，富有弹性，无油腻感，革的粒面、绒面有光泽，吸水易变软，可塑性强，容易整型；颜色会随时间推移从本色的浅肉粉色渐变到淡褐色，最适合做皮雕工艺。

植鞣革的保存

1. 皮革遇潮湿易生霉菌，故长期保存，最重要的是存放在干燥的地方。
2. 皮革上沾了灰尘，可以用软布或刷子轻轻擦去。
3. 雕刻用的植鞣革长时间不用的部分需要用深色纸张（牛皮纸）包好，放在干燥通风的地方，注意避光可保持原有色泽。
4. 注意减少植鞣革的摩擦，否则会导致皮面发乌，注意多张皮之间用纸隔开。

植鞣革的保养

皮革越用越柔软且富有光泽，平常只需拿干净软布擦拭表面灰尘脏污并用牛角油涂抹保护，收纳于通风良好的地方，注意防潮即可。

关于工具

切割垫板

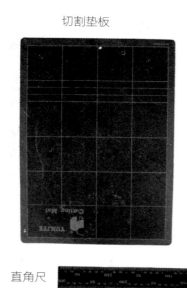

皮革剪刀

裁皮刀

直角尺

美工刀

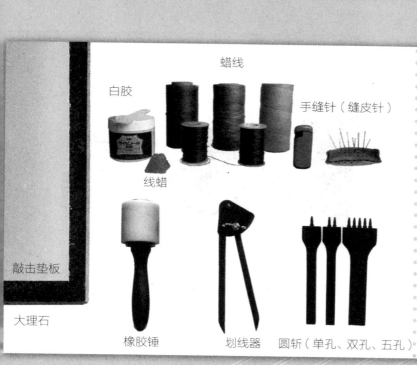

蜡线

白胶

手缝针（缝皮针）

线蜡

敲击垫板

大理石

橡胶锤

划线器

圆斩（单孔、双孔、五孔）

TOOLS

皮面处理工具

皮边处理工具

防染乳液

棉布

床面处理剂
（边缘处理剂）

砂纸条

削边器

打磨棒

TOOLS

染色工具

酒精染料

盐基染料

油性染料

笔刷

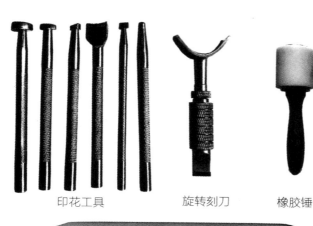

印花工具　　　　旋转刻刀　　　橡胶锤

定型骨棒

镂花工具
（花冲）

关于技法

书上的版型

蓝印复写纸

牛皮纸板

1. 如图所示，将书上的版型图案转印到牛皮纸板上（牛皮纸板厚度以 0.5mm 为佳）。

4. 用锥子将版型描摹到牛皮上。

5. 裁切牛皮。

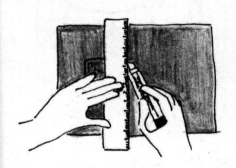

2. 将版型外轮廓裁剪下来。

3. 处理版型细节，给版型打孔。

6. 如步骤 3 那样处理版型细节。

7. 前期准备完成。

SKILLS

缝合技法

直线缝饰法

1. 如图所示，固定手缝针。

2. 将手缝针穿过第一个孔，拉直蜡线两端，并确保两边蜡线长度相同。先将右手边的蜡线 A 穿过第二个缝线孔，然后再将左手边的蜡线 B 从蜡线 A 的下侧穿过缝线孔，拉紧两侧蜡线。

3. 按照上述步骤继续缝合，要注意的是，缝线的顺序不能错，保证每一个回合都是先右手蜡线穿过孔的上半部分，再左手蜡线穿过孔的下半部分。否则，缝出来的线迹可能会不整齐。

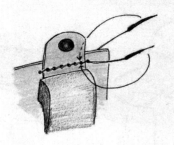
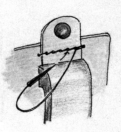

4, 缝到最后一个针孔的时候，再回过来缝一两针，并且确保两个线头都留在皮革背面。

5, 如果是用纯棉线或麻线缝合，需要将线头打散，并涂抹白胶，然后用抹胶棒将线头捋平。

6, 如果是用涤纶蜡线，则直接用打火机外焰靠近线头，使线头熔化烧结，最后用打火机尾部或大拇指将其轻压抹平。

1. 如图所示，将蜡线一头穿针，从第一个孔背面穿入，绕到第二个孔的背面再穿入。

2. 继续按步骤1的方法缝制。

3. 如图缝到最后一个孔的时候，绕到倒数第二个孔背面穿入，按照步骤1的方法往回缝制。

4. 缝到末尾时，留取线头约3mm长，将多余线头剪断，用火将线头烧结固定。

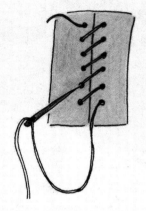

1. 先将手缝针依次穿过第一排的并列的两个孔，然后再穿向第二排左孔。

2. 按照步骤 1 的方法缝合到最后一排后，用同样的方法往回缝合，使线迹呈十字交叉。

3. 在缝合到第一排第一个孔的时候结束。正反线头均留取约 3mm 长，多余线头剪断。

4. 最后，用火将线头烧结固定。

SKILLS

皮革染色

水性染料

水/酒精
盐基染料/酒精染料

1. 盐基染料与酒精染料都属于水性染料，可以通过兑水或者兑酒精的方法来稀释，酒精染料稀释比例大致为1:1，盐基染料与水的比例大致为1:3。

   可以视效果调整调兑比例。因为盐基染料与酒精染料的成分不同，因此不能相互混合。

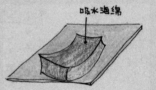

吸水海绵

2. 海绵蘸水，在皮革表面擦拭，使牛皮吸水湿润。

3. 用羊毛球蘸取调配好的染料，先横向刷一遍，再纵向刷一遍，重复这个过程，直到上色均匀。

4. 最后，用棉布蘸取定色乳液，均匀涂布。

蘸取定色乳液

用棉布蘸取染料，以画圈的方式涂满整个皮面，油性染料的深浅取决于染料在皮革上留存的时间。因此，想要染色均匀的话，应及时推开染料，防止染料在皮面上堆积。

棉布

防染乳液

1. 用棉布蘸取适量防染乳液，均匀地涂抹到皮革表面。

2. 涂抹油性染料。用笔刷多蘸取些染料，凹陷沟槽部分用笔尖重点涂抹，确保油性染料渗进沟槽里面。

油性染料

干燥的棉布

3. 油性染料在牛皮上保留的时间越长，颜色越深。因此，趁染料没干的时候及时将高光部分的染料擦拭干净，细节部位也要细细擦拭，直到明暗对比达到自己满意的效果为止。

使用旋转刻刀

用食指压住旋转刻刀顶部指
按，拇指与中指、无名指配合，
握住刀身旋转部分，通过旋转
刀身来控制运刀的方向。

手腕轻托桌面，以保持刀的稳
定性。

运刀的时候，刀刃前端刻入牛
皮 1mm 的深度，刀刃尾部略
向上抬起，使刀刃向前倾斜。

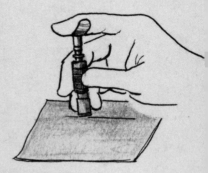

使用印花工具

左手握住印花工具的手柄，使
之垂直于皮面。右手用橡胶锤
敲击印花工具尾部。可以根据
印花图案的不同来调节印花工
具向前或向后倾斜。

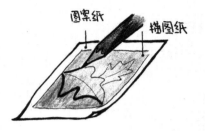

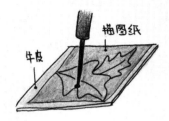

1. 用透明描图纸覆盖在图案上，将图案描摹下来。然后将牛皮擦湿，把有铅笔印的那一面朝下，覆盖在牛皮表面，并用压擦器或较钝的铅笔将图案转印到皮面上。

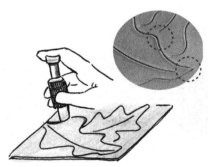

2. 用旋转刻刀将图案一一雕刻出来，雕刻深度在1mm左右。

3. 用打边工具制造出层次感。打边工具通常呈斜面，将高的一边紧贴着轮廓线打印，就可以制造出深浅的阴影，让线条凸显出来。

4. 印花工具有很多不同图形，可以根据图案自行选择合适的工具。

5. 用旋转刻刀雕刻出一些装饰性的线条，使图案更精致。

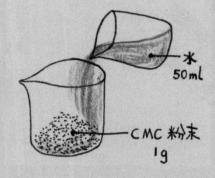

水
50ml

CMC 粉末
1g

1. 按照 1g CMC 粉末兑 50ml 水的比例配制 CMC 溶液。静置 3 ~ 5 小时，使之充分溶解，呈果冻状。

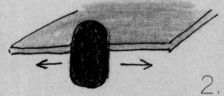

2. 用砂纸条反复打磨边缘，如两片皮革粘贴在一起，务必使两片皮革的边缘打磨到完全齐平，没有高低差。

3. 用削边器刀口抵住皮革边缘，以斜 45° 角向前推，把边缘翻卷的部分削掉。

← 湿润的海绵

4. 如果皮革含脂量较高，可以直接用湿润的海绵将皮革打湿。对于含脂量低的皮革可以省略这一步。

5. 选择打磨棒上比皮革厚度略大的凹槽，反复打磨。

6. 用小棉签蘸取适量准备好的CMC溶液（或床面处理剂），均匀地涂抹到皮边上。

7. 继续用打磨棒打磨，直到边缘透亮光滑，出现油蜡的光泽为止。

身边的
牛皮小物

御守达摩

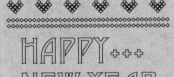

HAPPY+++
NEW YEAR

达摩护身符

不记得从哪年开始，
总是在年末的最后一天写一封信，
悄悄放进盒子密封，
写下期许，
来年再沐手展开，
用一个神圣的仪式告别昨天，
再庄重迎接新年。

后来，
朋友送给我一个达摩，
当时我还不知道达摩为何物，
只是奇怪，
这个可爱的胖乎乎的家伙为什么没有眼睛。

再后来，
在店里遇到一个客人。
他说，在日本，这是一个许愿的神仙，
分别画上两只眼睛，
方才圆满。

于是，
每年新旧交替时的信笺上，
便变成了圆滚滚的达摩。

新的一年，
希望大家都可以顺利实现自己的愿望。

首先：
在新年的第一天
做一个达摩护身符。

其次：
默默许一个愿望
给达摩画上一只眼睛。

然后：
把它挂在每天
都能看到的
地方吧！

最后：
愿望达成后，
把另一只眼睛也画上吧！

PREPARATION

材料：

厚度 2mm 原色植鞣皮（4cm × 5cm）两片

直径 2mm 棕色植鞣皮绳 10cm

蓝色蜡线 20cm

需要准备的工具：

铅笔、剪刀、旋转刻刀、印花工具（打边、圆豆、
花瓣）、4mm 圆冲、白胶、砂纸条、削边器、
床面处理剂、打磨棒、丙烯颜料、描线笔

达摩正面

厚度 2mm 植鞣皮

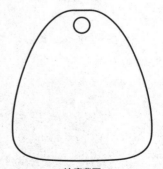

达摩背面

厚度 2mm 植鞣皮

实物等大版型

旋转刻刀

用来刻划面部线条以及嘴部线条。

4mm 圆冲

主要用于给护身符打孔，以及
錾打出眼眶的轮廓。錾打眼眶
时打出深度约 0.5mm 的圆圈
即可，不要太用力，以防打漏。

印花 | 圆豆工具

用来錾打出眼球。

印花 | 打边工具

印花面呈斜面，将高的一边紧贴轮廓线
錾打，使脸部轮廓更为清晰。

印花 | 花瓣工具

通常用于錾打花瓣
的印花工具，正好
可以用来錾打胡子。

STEPS +◆+◆

1.　在牛皮上画出达摩的轮廓，蘸水湿润后，用旋转刻刀雕刻出面部线条和嘴部线条。然后分别用不同的印花工具将面部雕刻出立体感。如果没有这些印花工具，也可以直接用丙烯颜料画出达摩的五官。

2.　将上下两片牛皮粘贴到一起，然后用砂纸条打磨边缘，削去翘起的边角，并涂抹床面处理剂打磨抛光。

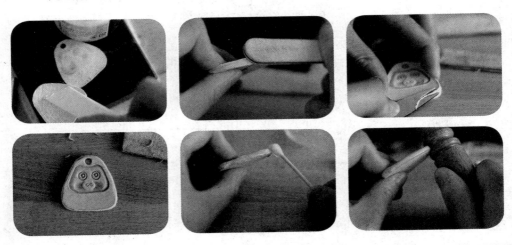

3. 用丙烯颜料给达摩涂上喜欢的颜色吧！

4. 系上牛皮绳，达摩护身符就做好啦！

LESSON

如何绑皮绳挂扣

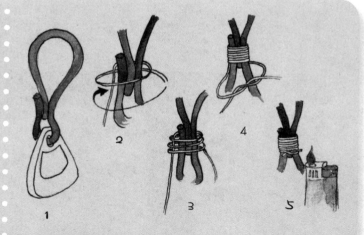

图1：将小皮绳穿过挂件的圆孔，首尾重叠。

图2～图3：将重叠部分用蜡线或涤纶细线缠紧。

图4：在末尾打结。

图5：末端保留约3mm长度的线头，然后用打火机烧熔黏结。

A LETTER FROM AFAR

信封钥匙扣

PREPARATION

材料：

厚度 2mm 原色植鞣皮

直径 1.5mm 皮绳 10cm

蓝色蜡线 15cm

白色蜡线 30cm

需要准备的工具：

橡胶锤、直径 1mm 圆冲、白胶、床

面处理剂、砂纸条、削边器、打磨棒、

缝皮针、字母印花工具、直径 2mm

打孔器、牛脚油、1cm 浅圆斩

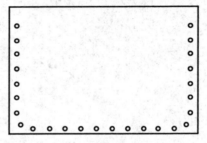

信封正面

厚度 2mm 植鞣皮

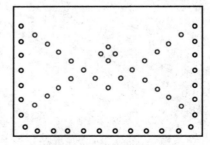

信封背面

厚度 2mm 植鞣皮

实物等大版型

STEPS+++

1. 按照版型裁出所有皮件，并打好缝线孔。

  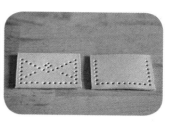

2. 如下图所示，按沿着信封背面标注的蓝色的孔，缝出信封的装饰线。

 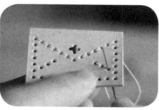 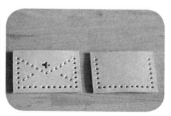

3. 将信封正面沾湿，用印花工具打出自己喜欢的文字和图案。

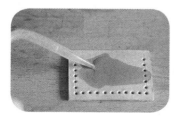  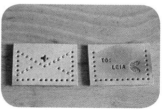

4. 将信封正反两面粘贴到一起，可以用锥子检查前后每一个孔是否对齐。

5. 将缝合信封的最外圈缝线，收尾的最后一针从两片牛皮的中缝中穿出，剪断并用打火机烧结。

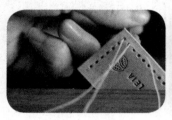  

6. 用 1cm 的浅圆斩将四角导圆，把四周的皮边削边、打磨封边。然后，用直径 2mm 的圆冲或者打孔器在其中一角打孔。

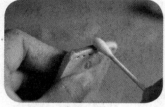  

7. 最后，拴上皮绳挂扣。皮绳挂扣技法请翻阅第 30 页 "如何绑皮绳挂扣"。

 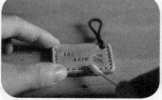 

THE CAR

汽车钥匙扣

PREPARATION

材料：
厚度 2mm 原色植鞣皮
直径 1.5mm 皮绳一根

需要准备的工具：
橡胶锤、直径 1mm 圆冲、砂纸条、
白胶、床面处理剂、削边器、打磨棒、
缝皮针、蜡线、印花工具 (打边、阴影、
圆豆)、油性染料 (黑色、棕色)、
酒精染料 (黑色、棕色)、防染乳液、
旋转刻刀、棉布

吉普车正面

厚度 2mm 植鞣皮

跑车正面

厚度 2mm 植鞣皮

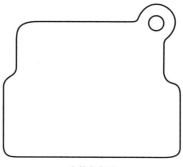

吉普车背面

厚度 2mm 植鞣皮

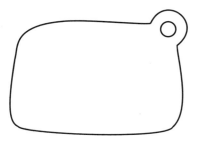

跑车背面

厚度 2mm 植鞣皮

实物等大版型

1. 按照版型将汽车图案用硫酸纸转印到皮面上。然后将皮面沾湿，用旋转刻刀将线条刻画出来。

2. 用带网点的打边工具强化汽车的外轮廓。汽车内部轮廓使用光面的打边工具。凹陷的部位需结合打边工具与阴影工具。

3. 如下图所示，将外轮廓的区域以及车灯区域染上棕色的酒精染料，在凹陷及需要加深的部位染上黑色酒精染料。然后，将黑色油性染料涂抹到整个汽车内部，特别是边边角角的缝隙里要填涂到。最后，用干燥的棉布将皮面多余的染料擦拭干净。

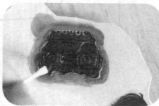

4. 沿着外轮廓约5mm的宽度裁剪，背面涂抹白胶，与另一块稍大一圈的牛皮贴合到一起。然后用笔刀将背面牛皮裁切整齐。

5. 将整个边缘打磨平整，削去卷边，在背面及边缘涂抹黑色酒精染料后上封边剂，打磨封边。最后打孔，拴上皮绳挂扣。皮绳挂扣技法请翻阅第30页"如何绑皮绳挂扣"。

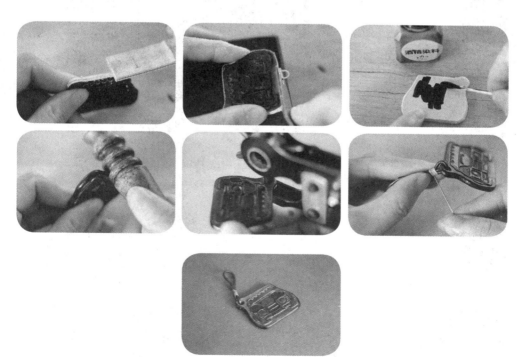

THE WHALE

鲸鱼钥匙扣

PREPARATION

材料：

厚度 2mm 原色植鞣皮

直径 1.5mm 皮绳 10cm

蓝色蜡线 15cm

需要准备的工具：

橡胶锤、直径 1mm 圆冲、直径
2.5mm 圆冲、白胶、床面处理剂、
打磨棒、削边器、砂纸条、剪刀、
旋转刻刀、光面打边工具、蓝色酒
精染料、防染乳液

厚度 2mm 植鞣皮

实物等大版型

1. 按照版型裁出所有皮件，并用锥子画出鲸鱼肚子的线条。

2. 将牛皮打湿，用旋转刻刀顺着第一步画出的痕迹，刻画出鲸鱼肚子的线条。然后，用光面的打边工具打出边缘的层次。接着，继续用旋转刻刀顺着肚子的轮廓刻画出鱼肚子的排线，并用直径 1mm 的圆冲印出鲸鱼眼睛。

3. 先将鲸鱼背部蘸水湿润，然后用棉棒或者笔刷蘸取稀释过的酒精染料，一层一层涂布到鲸鱼背上。要注意眼部周围的颜色比边缘的颜色要浅一些。尽量一层一层涂，使颜色过渡自然。

4. 分别给鱼肚子与鱼背涂抹防染乳液，另外一片也用同样的方法制作。待防染乳液干透，将无图案的两面对粘到一起。边缘用砂纸条打磨抛光，并用削边器将边缘翻卷部分削切干净。

5. 用酒精染料填补皮革边缘的颜色，使边缘与皮面的颜色一致。待染料干透后，涂抹床面处理剂，打磨封边。封边时根据颜色深浅使用不同棉棒与打磨棒，以免颜色混杂。

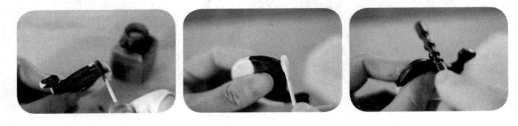

6. 最后，在鲸鱼尾部打孔，拴上皮绳挂扣。皮绳挂扣制作技法请翻阅第 30 页"如何绑皮绳挂扣"。

PAPER AIRPLANE

纸飞机胸针

PREPARATION

材料:

厚度 2mm 原色植鞣皮

胸针配件

需要准备的工具:

橡胶锤、直径 1mm 圆冲、白胶、床面处理剂、打磨棒、削边器、砂纸条、印花工具（打边工具）、旋转刻刀、酒精染料、防染乳液

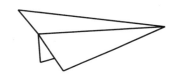

纸飞机正面

厚度 2mm 植鞣皮

纸飞机背面

厚度 2mm 植鞣皮

胸针配件

实物等大版型

STEPS +++

1. 按照版型裁出纸飞机轮廓。皮面沾湿后，用旋转刻刀刻出纸飞机内部的线条。

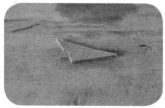

2. 然后，用光面的打边工具打出立体感。

3. 先用蓝色染料涂满整个皮面，特别是雕刻出来的缝隙里。然后，在纸飞机翅膀的边缘刷一层黄色染料，使边缘变成墨绿色，反复薄薄地涂抹使之过渡自然。接着，另取一片稍大一些的牛皮，在其正中位置打出 2 个直径 1mm 的圆孔，用于安装胸针配件。

4. 将染好色的皮面背部涂抹胶水，粘贴到安装了胸针钉的底皮上。捏紧，待胶水固定。

5. 沿着正面的皮边将多余的牛皮切割掉。

6. 用砂纸条打磨整个边缘，然后削去多余的卷边，再将背面与侧边都补上蓝色。

7. 然后，将整个皮边涂抹封边剂，打磨封边。最后，涂抹一层防染乳液。一个纸飞机胸针就完成啦！

THE BALLOON

热气球钥匙扣

PREPARATION

材料：

厚度 2mm 原色植鞣皮

直径 1.5mm 皮绳 10cm

蜡线 15cm

需要准备的工具：

橡胶锤、直径 1mm 圆冲、直径 2.5mm
圆冲、白胶、床面处理剂、削边器、
砂纸条、打磨棒、剪刀、旋转刻刀、
光面打边工具、丙烯颜料、毛笔

热气球球体 ×2

厚度 2mm 植鞣皮

热气球篮子 ×2

厚度 2mm 植鞣皮

实物等大版型

1. 按照版型裁出热气球球体和篮子的轮廓，并用锥子描绘出热气球表面的线条。

2. 将牛皮沾湿，将刚才描绘的线条用旋转刻刀刻画出来。然后用打边工具敲打线条的两侧，加强其立体感，正反两面均采用同样的方法制作。

3. 用白胶将正反两面粘贴到一起。

4. 将边缘裁切整齐后，用砂纸条打磨边缘，并削去边缘翻卷的部分。

5. 涂抹边缘处理剂，并打磨抛光。下面小篮子的部分也用同样的方法黏合、打磨、封边。

6. 用丙烯颜料在皮面上画出热气球的图案。

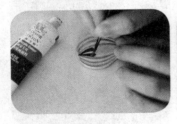 

7. 用直径为 1mm 的圆冲给热气球底部及篮子打孔。再用直径 2.5mm 的圆冲给热气球的顶部打孔。最后，用蜡线将篮子与热气球的底部连接起来，顶部穿上皮绳挂扣。

THE COMPASS

指南针钥匙扣

PREPARATION

材料：

厚度 1mm 原色植鞣皮

厚度 1.5mm 原色植鞣皮

厚度 2mm 原色植鞣皮

直径 1.5mm 皮绳一根

蜡线 20cm

需要准备的工具：

橡胶锤、直径 4mm 圆冲、直径 2mm 圆冲、白胶、砂纸条、削边器、床面处理剂、打磨棒、5mm 宽一字斩、小号字母印花工具、红色丙烯颜料

指南针指针

厚度 1mm 植鞣皮

O

指南针指针中心点

厚度 1.5mm 植鞣皮

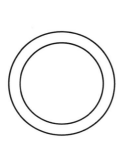

指南针表层圆环

厚度 2mm 植鞣皮

指南针中间夹层

厚度 2mm 植鞣皮

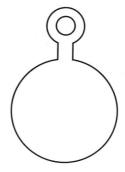

指南针底层

厚度 2mm 植鞣皮

实物等大版型

1. 按照版型裁出指南针的轮廓。在中间夹层的皮面上用锥子画出第一层圆环的线条。

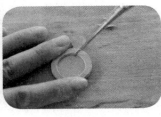

2. 以圆环为边界，用一字斩将指南针的刻度线呈中心放射状依次斩打出来。如有字母印花工具，则将"E"（东）、"S"（南）、"W"（西）、"N"（北）四个字母也一一印上。如没有字母印花工具，则可以用丙烯颜料，或者墨水笔写在皮面上。

3. 然后，将表层圆环的内侧边缘涂抹床面处理剂，打磨抛光。并依次与中间夹层、底层粘贴成一体。

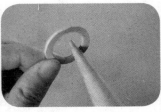

4. 将整个边缘用砂纸条打磨平整，削去边缘的翻卷部分，然后涂抹床面处理剂，打磨抛光。

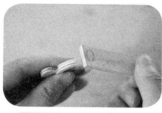  

5. 最后，将指针粘贴到指南针中心点，并用红色丙烯颜料画出指针红色的部分。顶部打孔，穿上皮绳挂扣。

玻璃罩的
小世界

ALWAYS
ON THE WAY

说走就走的旅行

on the road

在路上

小皮靴

◇◇◇◇◇◇◇◇◇◇◇◇◇◇◇◇◇◇◇◇

PREPARATION

◇◇◇◇◇◇◇◇◇◇◇◇◇◇◇◇◇◇◇◇

材料：
厚度 2mm 棕色植鞣皮

需要准备的工具：
定形骨棒、剪刀、锥子、床面处理剂、
砂纸条、打磨棒、白胶、直径 1mm
圆冲、橡胶锤、削边器、棕色蜡线、
缝皮针

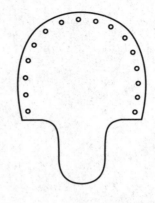

鞋面

厚度 2mm 植鞣皮

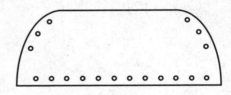

鞋帮

厚度 1.6mm 植鞣皮

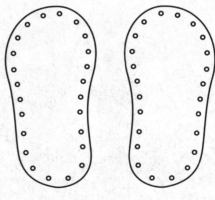

鞋底

厚度 2mm 植鞣皮

实物等大版型

1. 将皮鞋鞋面用水沾湿，皮正面朝上，盖在铅笔或筷子这类小圆棍上，再用整形骨棒反复刮压，直到小鞋鞋面与小棍完全贴合，变成立体的形状，然后剪出鞋舌，打磨封边。

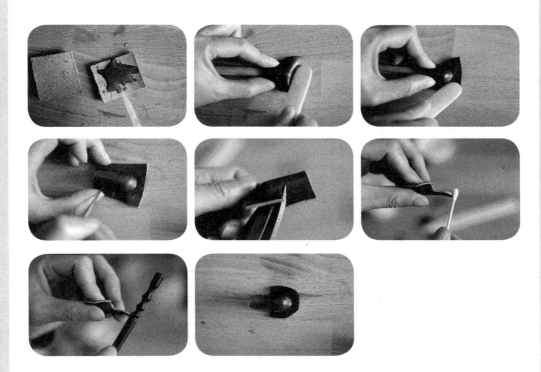

2. 将鞋面与鞋底黏合在一起，然后放置一边等待晾干。

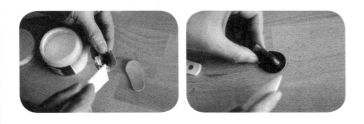

3. 将鞋帮的边缘打磨封边。然后，用直径 1mm 的圆冲冲打出鞋带的孔。

4. 鞋帮的两个边角用削薄器削薄，底部用水沾湿，如下图所示，将约 5mm 的边翻折成直角，然后整体折成鞋帮的形状。

5. 将鞋帮涂抹白胶，粘贴到鞋底。将边缘多余的皮料修剪整齐，然后沿着边缘线打出一圈缝线孔，用蜡线缝合。蜡线颜色比牛皮颜色略深，尽量不要使用与牛皮颜色对比强烈的蜡线。

6. 最后，将小皮鞋的边缘打磨封边，系上鞋带。这样一双小皮鞋就完成啦！如果想做成小挂件，可以在鞋后跟打上孔，系上牛皮挂扣，做法请参考第 30 页"如何绑皮绳挂扣"。

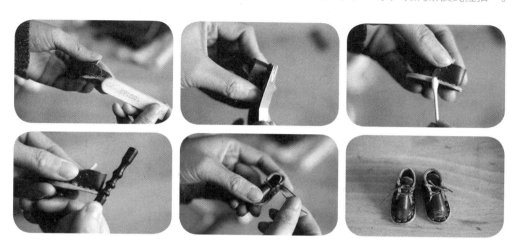

旅 行 箱

PREPARATION

材料:
厚度 2mm 咖啡色植鞣皮
直径 5mm 铜铆钉一对

需要准备的工具:
剪刀、直径 1mm 圆冲、白胶、砂
纸条、削边器、床面处理剂、打磨棒、
1cm 宽浅圆斩、缝皮针、铆钉安
装工具

口袋

厚度 1.8mm 植鞣皮

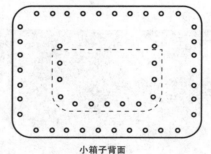

小箱子背面

厚度 1.8mm 植鞣皮

提手加强套

厚度 1mm 植鞣皮

提手

厚度 1.8mm 植鞣皮

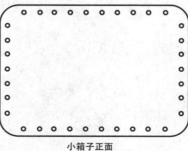

小箱子正面

厚度 1.8mm 植鞣皮

侧条

厚度 1.8mm 植鞣皮

实物等大版型

1. 首先将所有裁好的牛皮打磨封边。将口袋粘贴到小箱子背面，位置居中，划线、打孔、缝合。（如果按照本书提供的版型制作，则封边之后直接按照版型先打孔，再缝合，不需要粘贴）

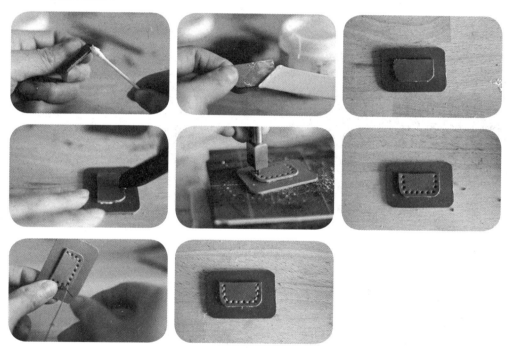

2. 按照版型斩打出所有缝线孔。

3. 缝合提手的加强套。缝完打磨封边。

4. 将提手安装到小箱子的侧条上，用铆钉固定。

5. 将箱子皮面与侧条缝合起来。缝合的时候从底部正中间开始。两侧的皮面要对称，否则缝出来的箱子会扭曲。

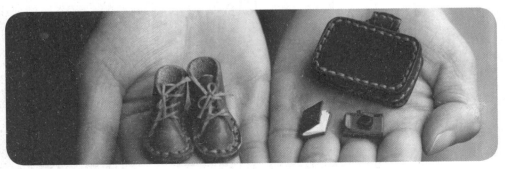

小相机

相机身 A

厚度 1.6mm 棕色植鞣皮

相机身 B

厚度 1.6mm 棕色植鞣皮

相机身 C

厚度 1.6mm 棕色植鞣皮

PREPARATION

材料：

厚度 2mm 原色植鞣皮
直径 2mm 棕色植鞣皮绳
铜色牛仔扣配件一个
铜色螺丝环两个

需要准备的工具：

UHU 胶水、美工刀 / 裁皮刀，直径 6mm 圆冲、直径 4mm 圆冲、砂纸条、打磨棒、床面处理剂、削边器

按钮

厚度 1.6mm 深蓝色植鞣皮

镜头盖

厚度 1.6mm 深蓝色植鞣皮

tips：镜头盖和按钮可以通过用直径分别为 6mm 和 4mm 的圆冲冲打牛皮得到。

实物等大版型

STEPS +++

1. 将相机机身 A 与 B 粘贴到一起，将其中一条短边打磨圆滑。然后将 A 面的三分之一的区域磨毛，B 面全部磨毛。

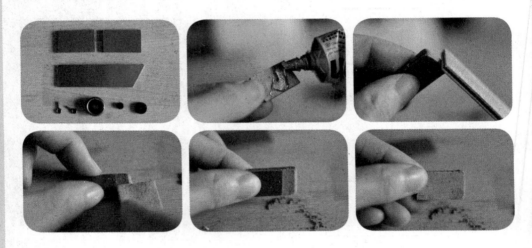

2. 将相机机身 C 的一端用削薄刀铲薄，然后涂抹胶水，包到刚才打磨好的 A 与 B 的皮面上。

3. 将整个相机机身的边缘打磨平整，用削边器削去边缘卷翘部分，然后涂抹封边剂封边。

4. 机身顶部粘上圆形的按钮，取牛仔扣的圆形扣子作为相机镜头，将镜头盖粘贴到镜头上，然后再将整个镜头粘贴到机身。

5. 最后，将螺丝环拧到相机两端，作为相机背带的环。

THE COWBOY

今天牛仔很忙

小吉他

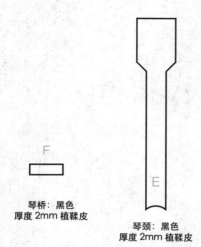

PREPARATION

材料：
厚度 2mm 棕色植鞣皮两片
厚度 2mm 黑色植鞣皮两片

需要准备的工具：
剪刀、直径 4mm 圆冲、白胶、
砂纸条、削边器、床面处理剂、
打磨棒

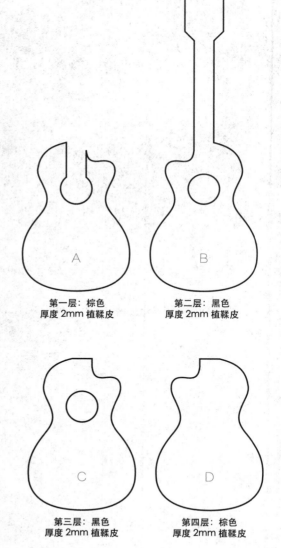

A
第一层：棕色
厚度 2mm 植鞣皮

B
第二层：黑色
厚度 2mm 植鞣皮

F
琴桥：黑色
厚度 2mm 植鞣皮

E
琴颈：黑色
厚度 2mm 植鞣皮

C
第三层：黑色
厚度 2mm 植鞣皮

D
第四层：棕色
厚度 2mm 植鞣皮

实物等大版型

1. 按照版型裁剪出所有皮面，首先将第一层（A）与第二层（B）粘贴到一起。

2. 将琴颈（E）粘贴到第二层（B）上。粘贴的时候在琴头处微微向下折。

 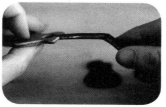

3. 第二层（B）琴箱部分与第三层（C）的皮面用砂纸打毛，然后按照顺序将第一层至第四层（A、B、C、D）粘贴成一个完整的吉他。

4. 将吉他的整个边缘用砂纸条打磨，削去卷翘的皮边，涂抹封边剂封边。最后，用锥子戳出弦钮以及琴弦的线条。并将琴桥（F）粘贴到琴箱上。

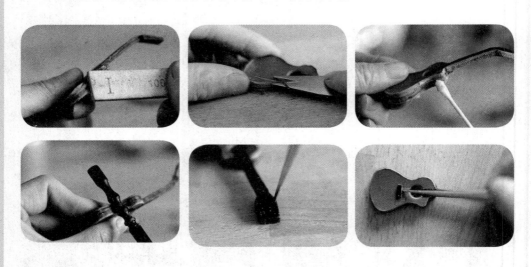

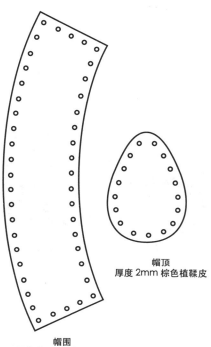

帽顶
厚度 2mm 棕色植鞣皮

帽围
厚度 2mm 棕色植鞣皮

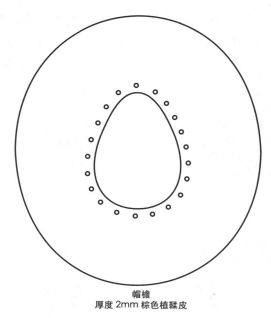

帽檐
厚度 2mm 棕色植鞣皮

牛仔帽

PREPARATION

材料：
厚度 2mm 棕色植鞣皮 一片
深棕色蜡线 20cm 长、50cm 长
各一根

需要准备的工具：
剪刀、直径 1mm 圆冲、橡胶锤、
床面处理剂、打磨棒，缝皮针

实物等大版型

1. 按照版型裁剪出所有皮面，将所有边缘打磨后，涂抹床面处理剂封边。

2. 用对称交叉缝饰法把帽围和帽顶缝合到一起，缝合结束后，将线头拉到帽子内部，用电烙铁将线头烧结。

3. 将上一步缝合好的帽顶塞进帽檐中间的圆孔中。然后用交叉缝饰法缝合。

 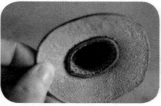 

4. 最后，将帽檐打湿，翻卷帽檐两侧，并将帽檐前部与后部向下翻折。一个牛仔帽就完成啦！

YOU'VE GOT A MAIL !

你有一封邮件

小 邮 箱

PREPARATION

材料：

厚度 2mm 原色植鞣皮

需要准备的工具：

一字斩（宽 5mm，宽 15mm）、扁圆冲（宽 5mm）、橡胶锤、
间距 4mm 圆斩（或直径 1mm 圆冲）、白胶、砂纸条、床面
处理剂、打磨棒、缝皮针、蜡线、划线器、字母印花工具

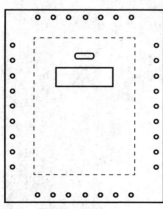

邮箱正面
厚度 2mm 植鞣皮

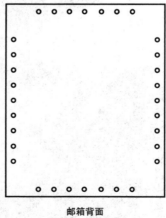

邮箱背面
厚度 2mm 植鞣皮

邮箱正面装饰面
厚度 2mm 植鞣皮

邮箱正面挡雨板
厚度 2mm 植鞣皮

实物等大版型

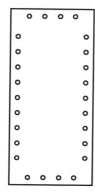

邮箱左侧
厚度 2mm 植鞣皮

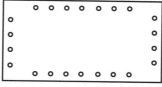

邮箱顶部
厚度 2.0mm 植鞣皮

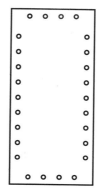

邮箱右侧
厚度 2mm 植鞣皮

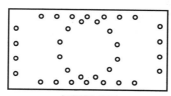

邮箱箱体底部
厚度 2mm 植鞣皮

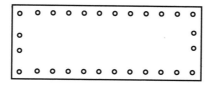

邮箱立柱侧条
厚度 2mm 植鞣皮

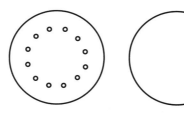

邮箱立柱底座 1
厚度 2mm 植鞣皮

邮箱立柱底座 2
厚度 2mm 植鞣皮

实物等大版型

STEPS +++

扁圆冲（宽5mm）

主要用于冲打出扁圆形的孔洞。
如没有扁圆冲，可以两端各打
出2mm直径的圆孔，然后用
笔刀将两孔中间的牛皮切断。
如下图所示：

一字斩（宽5mm，宽15mm）

用一字斩斩打方框，更整齐利
落。如果没有一字斩，也可以
用美工刀/笔刀代替，但是边
缘需更仔细打磨才能光滑平整。

字母印花工具

中间的邮政符号可以用字母
"T"和"I"组合出来。

如果没有印花工具，也可以直
接用丙烯颜料画出来。

1. 首先，将邮箱装饰面的方形镂空部位用上图所示的工具镂空，将边缘及镂空部位的皮
   边打磨封边。

2. 用印花工具把邮箱正面的装饰图案印出来。涂抹白胶，将装饰面与正面贴合到一起。然后将挡雨板尾部涂抹白胶，插入扁圆孔中固定。

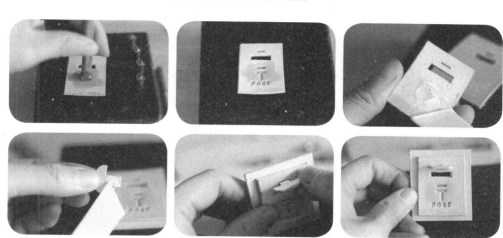

3. 按照版型斩打出所有皮件的缝线孔。

4. 如下图所示，将立柱侧条与立柱底座 1 缝合到一起，然后涂抹白胶，将之与立柱底座 2 黏合。待粘牢后，打磨封边。

5. 然后，将底座与邮筒箱体底部缝合，缝合的时候要注意将立柱侧面的缝线藏到邮箱正后方。这样制作出来的邮箱更为美观。

6. 最后缝合邮筒箱体部分，虽然是直线缝饰法，但在缝合的时候要注意线不能太紧，保证两个面角度为直角。刚开始的几个面在缝完后可能看上去很不结实，容易倒下，但是一旦几个面都缝完，支撑起来后，整个邮箱就会变得不易变形了。

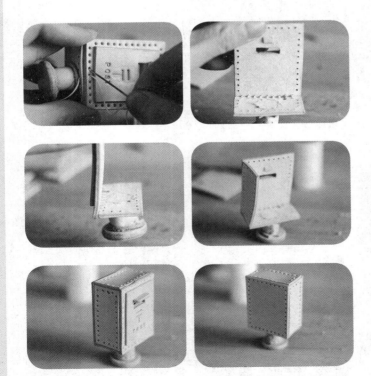

邮差包

PREPARATION

材料：

厚度 1mm 原色植鞣皮

直径 0.5mm 的铜铆钉两枚

需要准备的工具：

笔刀、直径 2mm 圆冲、铆钉

安装工具、白胶、砂纸条、床

面处理剂、打磨棒

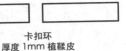

卡扣环
厚度 1mm 植鞣皮

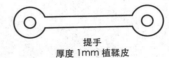

提手
厚度 1mm 植鞣皮

背带
厚度 1mm 植鞣皮

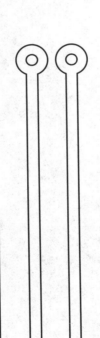

侧皮
厚度 1mm 植鞣皮

扣带
厚度 1mm 植鞣皮

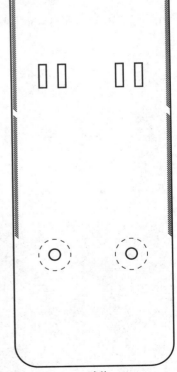

主体
厚度 1mm 植鞣皮

实物等大版型

1. 按照版型裁出所有皮件，并将所有边缘打磨封边。

 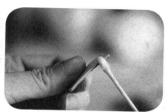

2. 用铆钉将扣带与提手固定到主体皮面上。

3. 用笔刀或一字斩挖出侧皮与主体皮面上的方形镂空部分，并将卡扣环安装到主体皮面上，将背带安装到侧皮上。

 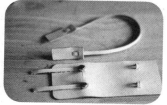

4. 将侧皮斜线部分涂抹白胶，粘贴到主体对应的斜线部位，待固定后，打磨封边。

小信封

材料：
厚度 2mm 原色植鞣皮

需要准备的工具：
旋转刻刀、锥子、光面打边工具、
床面处理剂、打磨棒

STEPS+++

原色植鞣皮

厚度 2mm

实物等大版型

用锥子画出信封的线条，然后沾湿牛皮，用旋转刻刀刻画出线条。信封开口的线条用打边工具打出立体感。最后，打磨封边。

HAVE A
PICNIC

草地野餐会

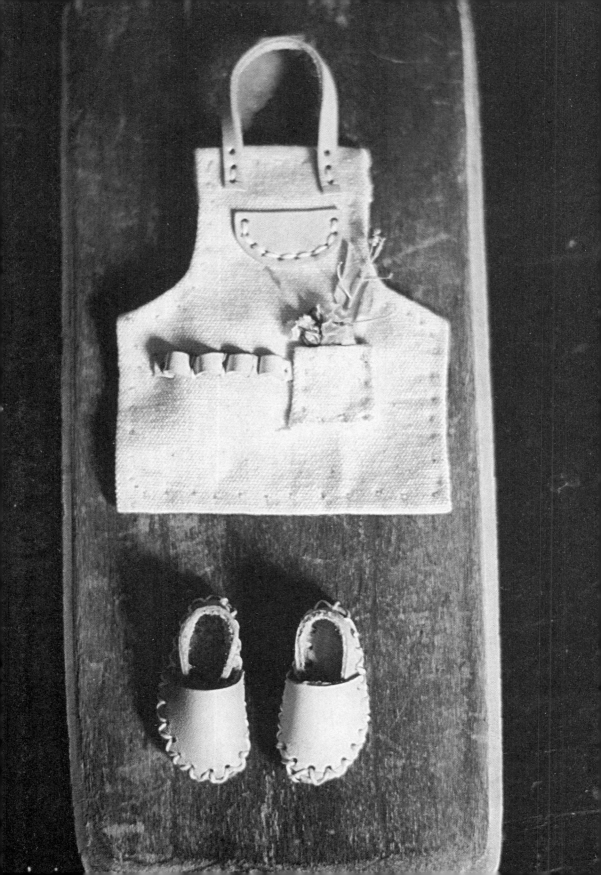

家居鞋

PREPARATION

材料：
厚度 1mm 原色植鞣皮

需要准备的工具：
橡胶锤、直径 1mm 圆冲、白胶、
床面处理剂、打磨棒、手缝针、蜡线

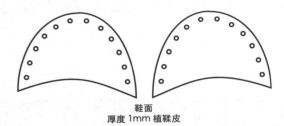

鞋面
厚度 1mm 植鞣皮

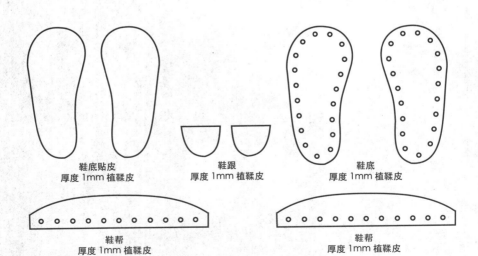

鞋底贴皮
厚度 1mm 植鞣皮

鞋跟
厚度 1mm 植鞣皮

鞋底
厚度 1mm 植鞣皮

鞋帮
厚度 1mm 植鞣皮

鞋帮
厚度 1mm 植鞣皮

实物等大版型

1. 按照版型裁出所有皮件，并将所有边缘打磨封边。

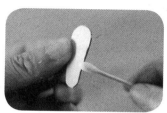

2. 用交叉缝饰法从鞋面与鞋底的正中开始缝线，缝合的时候需要特别注意，鞋面与鞋帮两边各有两针是重叠的。

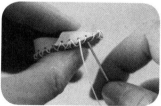

3. 最后，将鞋底贴皮与鞋跟粘贴到鞋底。

野餐篮

PREPARATION

材料：

厚度 1mm 原色植鞣皮

需要准备的工具：

橡胶锤、直径 1mm 圆冲、白胶、床面处理剂、打磨棒、缝皮针、蜡线

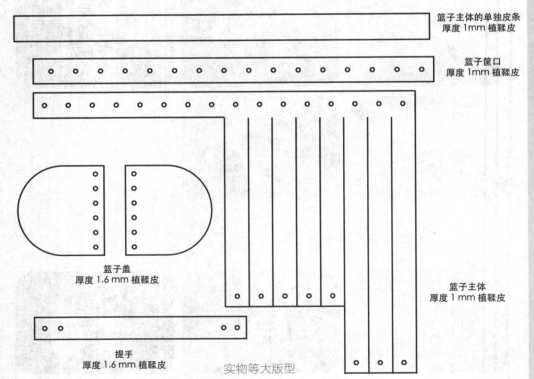

篮子主体的单独皮条
厚度 1mm 植鞣皮

篮子筐口
厚度 1mm 植鞣皮

篮子盖
厚度 1.6 mm 植鞣皮

篮子主体
厚度 1 mm 植鞣皮

提手
厚度 1.6 mm 植鞣皮

实物等大版型

1. 按照版型裁出所有皮件，并将所有边缘打磨封边。

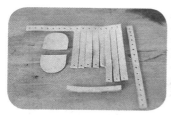  

2. 将野餐篮的两片盖子缝合成一体，置于一旁待用。

3. 将篮子筐口与篮子主体的长边重叠，用单针缝饰法从皮条最长的一侧开始缝线，当缝到中间没有皮条的部分时，将右边最长的三条皮条缝合至左侧（如下图所示）。

4. 然后，将较短的 5 根皮条交错穿过上一步横向粘贴的 3 根较长皮条中。

  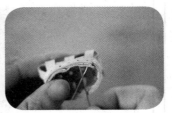

5. 缝到终点，回过头再缝一遍，在篮子正中间的位置将篮子盖和提手缝合到一起。

 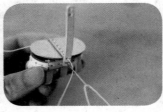 

6. 另取一条皮条，交错穿过靠近篮子筐口的部位。最后将皮条两头藏于篮子内部。

  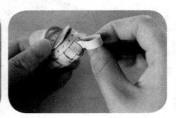

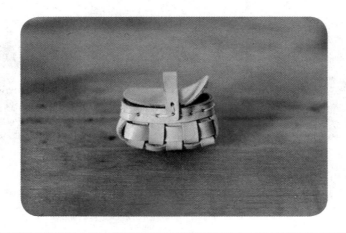

小 围 裙

材料：
厚度 1mm 原色植鞣皮
白棉布一块

需要准备的工具：
橡胶锤、直径 1mm 圆冲、白胶、
床面处理剂、打磨棒、手缝针、蜡
线

皮口袋

厚度 1mm 植鞣皮

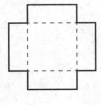

布口袋

棉布

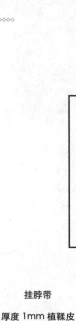

工具收纳条

厚度 1mm 植鞣皮

挂脖带

厚度 1mm 植鞣皮

围裙

棉布

实物等大版型

1. 按照版型裁出所有零件，打出缝线孔。将棉布沿虚线折边。

2. 沿着折好的边，将棉布的边缘缝合固定，并将棉布口袋缝合到围裙上。

3. 按所有皮革零件打磨封边。

4. 将皮革部分依次缝合到围裙上。

THE
SEASIDE

沙滩假日

沙滩鞋

PREPARATION

材料：
厚度 1mm 原色植鞣皮

需要准备的工具：
白胶、床面处理剂、打磨棒、砂纸条、
笔刀

右脚鞋底 A

厚度 1mm 植鞣皮

右脚鞋底 B

厚度 1mm 植鞣皮

左脚鞋底 A

厚度 1mm 植鞣皮

左脚鞋底 B

厚度 1mm 植鞣皮

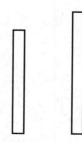

鞋带 ×2

厚度 1mm 植鞣皮

实物等大版型

1. 按照版型将所有皮件裁剪出来，镂空处挖空。然后涂抹床面处理剂，打磨封边。

2. 将所有鞋带的两端都削薄，然后将其中一端插入人字拖鞋底的方孔中。

3. 背面的两端用胶水固定住。鞋带的另一端同样粘贴到鞋底的背面居中位置。

  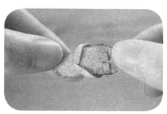

4. 将鞋底 B 粘贴到鞋底 A 上，遮盖住鞋带的端头，同时也为鞋底增加厚度。

5. 最后，将整个鞋边缘打磨封边。

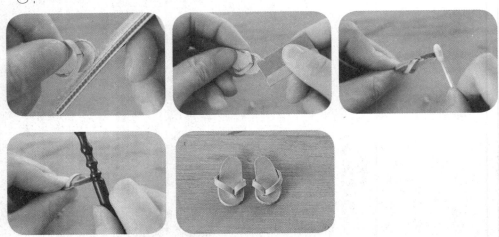

比基尼（上）

PREPARATION

材料：
厚度 1.2mm 原色植鞣皮

需要准备的工具：
直径 6 ～ 8mm 的圆头木棍、床面处理剂、打磨棒、蜡线

厚度 1.2mm 植鞣皮

实物等大版型

1. 按照版型将皮件剪裁出来。然后将胸口部位沾湿。取一根直径为 6 ~ 8mm 的圆头木棍（比较圆滑的筷子头也可以用于定型）对准胸口部位反复挤压，压出一个半球状的凹槽。

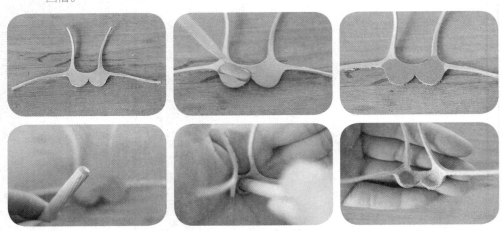

2. 用手调整胸口部位的形状，然后涂抹床面处理剂，打磨封边。

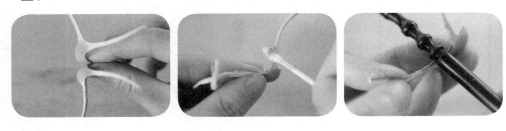

3. 将挂脖的带子及背后的带子用蜡线系紧。

比基尼（下）

PREPARATION

材料：
厚度 1.2mm 原色植鞣皮

需要准备的工具：
旋转刻刀、床面处理剂、打磨棒、
蜡线、光面打边工具

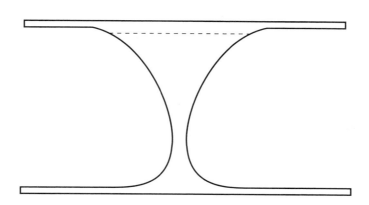

厚度 1.2mm 植鞣皮

实物等大版型

STEPS+++

1. 按照版型裁剪牛皮，然后将牛皮沾湿，用旋转刻刀切出边线，用光面的打边工具将边缘轮廓打印清晰。

2. 将边缘涂抹封边剂，打磨封边。

3. 最后，将两侧的带子用蜡线系紧。

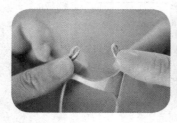 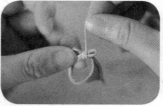 

牛 皮 书

材料：
厚度 2mm 原色植鞣皮

需要准备的工具：
旋转刻刀、锥子、光面打边工具、
床面处理剂、打磨棒

STEPS +++

棕色植鞣皮

厚度 2mm

实物等大版型

用按照版型剪裁出牛皮书皮，将一张 A4 纸反复对折后，画出牛皮书的大小尺寸，裁切下来。
然后在书脊上打孔，缝合。一本简单的迷你牛皮书就做好啦！

结　语

画家用画笔来描绘生活；
作家用文字来记录生活；
作为一个皮艺设计师，
我选择用温暖的牛皮，
来记录生活中微小却让人幸福的瞬间。

希望看完这本书的你，
也能用牛皮记录下自己身边的"小确幸"。

皮艺三步曲：为您带来与众不同的皮艺体验

《爱皮革：质感皮具轻松做》

花一下午的时间，
从选择一块中意的牛皮开始，
历经剪裁、划线、打孔、黏合，
再到缝制，
就像昔日的匠人一般，
敲敲打打，
缝缝补补，
专注于手中的一刀一笔一针一线，
让手中的牛皮重新散发出迷人的韵味。

《微皮艺：牛皮上的小世界》

没有太繁琐的工序，
也不需要太长的时间，
用随手就能得到的边角余料，
发挥一点点想象，
便能创造一个个温馨的微缩小世界。

《皮革花园：牛皮上的花草世界》

不同的处理方法相互组合，
使牛皮既可以像布一样柔软，亦可以像木头一样结实；
既可以充满野性，也可以像蕾丝一样充满浪漫；
甚至，只要你愿意，它还可以变成你想要的任何形状。
如果做腻了常见的皮革箱包，
不妨让我们做点不一样的，
一朵玫瑰花胸针；一个镂花花盆；
或是一个胖乎乎的皮革蘑菇。
皮具也可以变得很浪漫而风情。

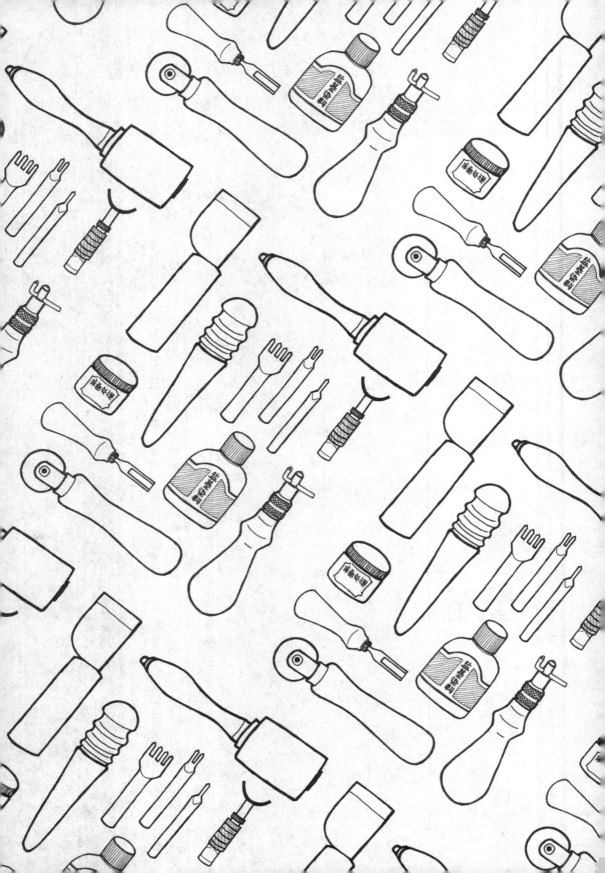